Bibliografische Information der Deutschen Nationalbibliothek:

Die Deutsche Bibliothek verzeichnet diese Publikation in der Deutschen National-
bibliografie; detaillierte bibliografische Daten sind im Internet über http://dnb.d-
nb.de/ abrufbar.

Impressum:

Copyright © 2010 GRIN Verlag, Open Publishing GmbH
Druck und Bindung: Books on Demand GmbH, Norderstedt Germany
ISBN: 9783640600304

Dieses Buch bei GRIN:

http://www.grin.com/de/e-book/149472/die-gruene-revolution

Stefanie Benner

Die Grüne Revolution

Folgen für die Globalisierung für die landwirtschaftliche Entwicklung der Dritten Welt, dargestellt am Beispiel von Asien

GRIN Verlag

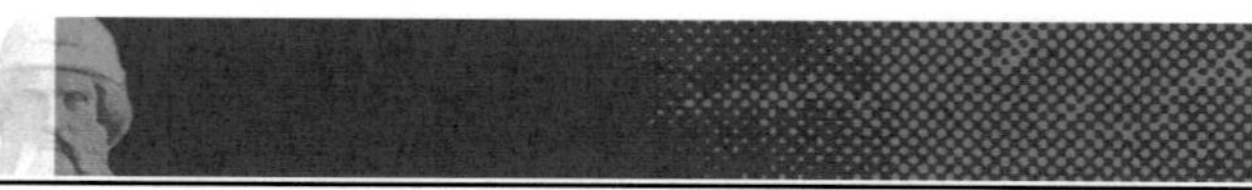

Johannes Gutenberg-Universität
Fachbereich 09 – Geographisches Institut
Hauptseminar: „Globalisierung und Wirtschaftsentwicklung in der Dritten Welt"
Thema: Folgen für die Globalisierung für die landwirtschaftliche Entwicklung
                  der Dritten Welt, dargestellt am Beispiel von Asien:

Die Grüne Revolution

Referentin: Stefanie Benner
Studienfächer: 1. Kath. Theologie, 2. Geographie (Lehramt, 10. Sem.)

Inhaltsverzeichnis

1. Bedeutung der Grünen Revolution

In den 60er Jahren musste in Teilen Asiens eine gewaltige Hungersnot befürchtet werden, da keine weitere Flächenausdehnung in der Landwirtschaft möglich war und der Bevölkerungsdruck immer größer wurde. Eine der Katastrophe konnte nur durch höhere Erträge abgewendet werden. Die Grüne Revolution bot diese Möglichkeit.

Im Folgenden sollen Maßnahmen und Bedingungen der Umsetzung erläutert werden, und welche begleitenden positiven und negativen Ergebnisse die Revolution mit sich brachte. Exemplarisch dienen die asiatischen Länder Indien, mit dem Cauvery-Delta und Indonesien. Es stellt sich die Frage, wie sich die Grüne Revolution auswirkte und wem sie zugute kam. Außerdem wird ein Augenmerk auf den entstanden Problemen liegen, denn es muss untersucht werden, ob sich Schwierigkeiten in sozialer Hinsicht verschärften und ob darüber hinaus zusätzliche Probleme entstanden.

2. Die Grüne Revolution

Bei dem 1968 geprägten Begriff „Grüne Revolution" handelt es sich um „einen besonders Mitte der 60er Jahre einsetzenden markanten Durchbruch in der Landwirtschaft von Entwicklungsländern, der vor allem biologisch-technischer Art ist" (BOHLE 1981a: 1). Die Agrartechnologie zeichnet sich durch die „Kombination von hochertragreichem Saatgut, Kunstdünger, Pflanzenschutz, Bewässerung und modernen Bearbeitungsmethoden" aus, welche zu einer Steigerung der Hektarerträge führt (BOHLE 1981a: 1). „Die Grüne Revolution ist [also] eine landsparende Technologie" (LEISINGER 1987: 24).

Des weiteren versteht man unter dem Begriff „Grüne Revolution" einen weitreichenden landwirtschaftlichen Strukturwandel, zu welchem ein Abbau der Nahrungsmittelknappheit und Unterernährung zählen (BOHLE 1981a:1). An dieser Stelle sei die Verhinderung einer befürchteten „Ernährungskrise mit Millionen von Hungertoten" in Südasien erwähnt (JAHNKE 2003: 15). Auch die „allmähliche Lösung der wichtigsten ländlichen Entwicklungsprobleme und eine[...] zunehmende Bedeutung des agraren Sektors für die gesamtwirtschaftliche Entwicklung in der Dritten Welt", werden der Grünen Revolution zugeschrieben (BOHLE 1981a: 1).

2.1 Rahmenbedingungen und Maßnahmen der Grünen Revolution

Ein sehr bedeutender Aspekt war die Intensivierung des Reisanbaus. Hierfür wurde 1961 „mit der Gründung des International Rice Research Institute (IRRI)" ein wichtiger Grundstein gelegt (SCHOLZ 1998: 532). Die Wissenschaftler des IRRI forschten zunächst an der Züchtung von besonders ertragreichen Sorten. Mit der Sorte „IR 8", dem sogenannten „Wunderreis" gelang 1966 der Durchbruch. Mit „IR 8" konnten die Erträge verdoppelt werden (SCHOLZ 1998: 532). „Überall, wo die Grüne Revolution gezielt gefördert wurde, stieg die Produktionsmenge signifikant an (LEISINGER 1987: 18). Die Nachteile der frühen Hochertragssorten lagen in ihrer Abhängigkeit von einer hohen Düngemittelzufuhr, einer kontrollierten Bewässerung und der Zuhilfenahme von Pflanzenschutzmaßnahmen (LEISINGER 1987: 32). Die anschließenden Forschungen waren weiterhin an einem hohen Ertrag orientiert, aber sie verfolgten das Ziel „die genannten Abhängigkeiten zu verringern" (LEISINGER 1987: 33). Zusätzlich sollten die neuen Reissorten über eine Resistenz gegen Pflanzenkrankheiten und Schadinsekten, sowie über die Toleranz gegen Stressfaktoren, wie schlechte Böden oder unkontrollierte Bewässerung, verfügen (vgl. Abb. 1) (LEISINGER 1987: 33).

SORTEN	WACHSTUMS-DAUER	KRANKHEITEN				INSEKTEN					
Reis	(Tage)	M	B	T	G	1*	2*	3*	GB	SB	GM
IR 8	130	A	A	A	A	A	A	A	A/R	A	A
IR20	130	A/R	R	A/R	A	A	A	A	R	A/R	A
IR24	125	A	A	A	A	A	A	A	R	A	A
IR26	130	R	R	A/R	A	R	A	R	R	A/R	A
IR28	105	R	R	R	R	R	A	R	R	A/R	A
IR36	110	A/R	R	R	R	R	R	A	R	A/R	R
IR50	105	A/R	R	R	R	R	R	A	R	A/R	-
IR56	105	R	R	R	R	R	R	R	R	A/R	-

A = anfällig; A/R = relativ resistent; R = resistent; - = keine Angaben

M = Mehltau (Brand); B = bakteriologischer Blattbefall; T : Tungro;

G : Grassy stunt

1* 2* 3* = verschiedene Biotope des "Brown Planthopper"

GB = Grüne Blattheuschrecke; SB = Stengelbohrer; GM = Gallmücke

Quelle: VEGA, M. R., "The Green Revolution Reconsidered", IRRI, Los Banos. 1983

Abb. 1: Forschungserfolge bei Reis-Saatsorten
Quelle: LEISINGER 1987: 35.

Alle Maßnahmen beruhten auf der Grundlage eines Veränderungswillens, der auf politischer Ebene eingeleitet werden musste. Auch andere Faktoren, wie die Qualität und die verfügbare Fläche des Bodens, „das Klima, das sozio-kulturelle Umfeld der Bauern, die Produktivität der eingesetzten Technologie und die vorhandene materielle und immaterielle ländliche Infrastruktur" spielten für das Gelingen der Grünen Revolution eine bedeutende Rolle (LEISINGER 1987: 9). Auch die „Vermittlung von Know-how an die bäuerliche Landbevölkerung" war für den Erfolg von großer Bedeutung (LESER [13]2005: 323). Zu diesem Zweck wurden Beratungsdienste in Dörfern eingerichtet (SCHOLZ 2000: 15). Durch unterschiedliche Vorraussetzungen in einzelnen Ländern und Regionen, sind „maßgeschneiderte" Projekte erforderlich gewesen (LEISINGER 1987: 11).

2.2 Positive Aspekte der Grünen Revolution

Die unterschiedlichen Herangehensweisen führten in den einzelnen Gebieten zu positiven Effekten. Nicht nur die doppelten Erträge des „IR 8" gegenüber des herkömmlichen Reises schwächten die schlimmste Ernährungskrise ab. Auch die Möglichkeit durch kürzere Wachstumsperioden zwei oder sogar drei Ernten im Jahr zu gewinnen, leistete ihren Beitrag. Durch die Forschung konnte zusätzlich die Reaktion auf Mineraldünger verbessert werden. Der Reis wurde nun nicht nur im Längenwachstum gefördert, sondern im Kornertrag. Eine niedrigere Wuchshöhe sorgte für eine erhöhte Standfestigkeit (SCHOLZ 1998: 532). Die neuen Saatsorten waren durch ihre „Resistenz gegen verschiedene Pflanzenkrankheiten und Insektenbefall" sowie die „Toleranz gegenüber unregelmäßiger Bewässerung und schlechter Böden" wesentlich robuster als ihre Vorgänger (LEISINGER 1987: 4). Eine weitere positive Auswirkung betraf den Beschäftigungseffekt. Es wurden zahlreiche Arbeitsplätze geschaffen. Dies ist vor allem dem Mehrfachanbau und einer Mehrproduktion zu verdanken. Durch diesen konnte auch die saisonal bedingte Arbeitslosigkeit abgebaut werden. Zusätzlich schuf die Grüne Revolution neue Arbeitsplätze, da die Pflanzen z.B. ein höheres Maß an Pflege benötigen. Durch höhere Produktionsmengen stellten sich „Verknüpfungseffekte in vor- und nachgelagerten Bereichen" ein (LEISINGER 1987: 25). Hierzu gehören unter anderem Weiterverarbeitung und Handel.

2.3 Negative Aspekte der Grünen Revolution

Die Mehrfachernten können jedoch auch zu einer Reduktion des Fruchtwechsels und einer Verengung der Anbaupalette führen" (LEISINGER 1987: 27). Diese Rahmenbedingung kann wiederum „zu einer beschleunigten Reduktion der Bodenfruchtbarkeit führen" und eine erhöhte Düngung mit sich ziehen (LEISINGER 1987: 27).

Die unterschiedlichen Vorraussetzungen in den einzelnen Regionen brachten auch von einander abweichende Resultate bei der Realisierung der Grünen Revolution mit sich. So konnten nicht alle Gebiete gleichermaßen von der Modernisierung der Landwirtschaft profitieren. Bezirke mit bereits gesicherter Wasserversorgung erhielten z.B. eine Vorrangstellung (BOHLE 1981a: 12). Eine schlecht kontrollierbare Wasserzufuhr kann bei unzureichender Bewässerung zu einer Versalzung der Böden führen oder es besteht die Gefahr der Versumpfung bei zu viel Feuchtigkeit (FRIEBEL 2000).

Die industriell betriebene Landwirtschaft hatte den Verlust der pflanzengenetischen Vielfalt zur Folge, eine genetische Erosion. Die nun angebauten großflächigen Monokulturen waren anfälliger für Krankheiten und Schädlinge, was zu einem erhöhten Einsatz von Pestiziden führte (LACHKOVICS 1999: 1). Für einige Betriebe fiel die Ernte so trotz Hochertragssorten schlecht aus (LACHKOVICS 1999: 2).

Die Vorraussetzungen, wie Dünger und Bewässerungsanlagen brachten zusätzlich eine enorme finanzielle Belastung mit sich, welche für Kleinbauern oft in einem Teufelskreis der Verschuldung endete (Misereor 2008).

Darüber hinaus hatte die Mechanisierung Arbeitslosigkeit und Armut bei Landarbeitern, Pächtern und Tagelöhnern zur Folge (FWU Institut für Film und Bild 2004: 3).

Durch wenige Saatgutsorten wird die Marktmacht großer Saatgutfirmen gefördert. „Wer die Kontrolle über Saatgut hat, kontrolliert die gesamte Landwirtschaft und damit auch die Existenzgrundlage der Bäuerinnen und Bauern" (Misereor 2008).

3. Die Umsetzung der Grünen Revolution in Indien

Die Grüne Revolution wurde regional begrenzt eingeführt. Gründe dafür waren die erwähnte notwendige Wasserversorgung und die Verteilung der traditionellen Reisanbaugebiete in Indien. Bei Regionen des Reisanbaus handelt es sich „um weite Teile des Nordwestens, vor allem das Gangestiefland, sowie um die südindischen Küstenebenen" (BOHLE 1981a: 13). Ein dritter Beweggrund für die Auswahl bestimmter Gebiete ist politische Natur. Die Regierung beschloss die Grüne Revolution auf solche Regionen zu beschränken, „die große und schnelle

Erfolge garantieren konnten" (BOHLE 1981a: 13). Die bisher „ausgewogene Förderung aller Landesteile", war mit diesem politischen Entschluss beendet (BOHLE 1981a: 13). Nur 114 der 325 Distrikten wurden von staatlicher Seite finanziell gefördert. In den „Intensive Districts" wurden begleitende Maßnahmen, „wie die Schaffung neuer Kredit- und Vermarktungsmöglichkeiten und der Anschluss von Dörfern an das Stromnetz", veranlasst (BOHLE 1981a: 13). Großbauern haben bei der Umsetzung der Grünen Revolution gegenüber Kleinbauern einige Vorteile. Aufgrund höherer Einkaufsmengen zahlen sie beispielsweise niedrigere Preise für die Saatsorten. Nach der Ernte erzielen sie höhere Verkaufpreise durch Lagerfazilitäten. „Kleinbauern müssen meist unmittelbar nach der Ernte zu Niedrigpreisen verkaufen" (LEISINGER 1987: 21). Die Grüne Revolution war besonders dort erfolgreich, wo Landreformen durchgeführt wurden. So erhielten auch Kleinbauern Zugang zu Krediten und ihre Produktivität konnte erheblich gesteigert werden (LEISINGER 1987: 22). Die Einführungsphase war zunächst großbauernorientiert, doch dort wo Gesellschaftsstrukturen und institutionelle Rahmenbedingungen es zuließen, konnten Kleinbauern aufholen (LEISINGER 1987: 23). Im ersten Jahr der Grünen Revolution wurden in Indien „große Mengen an Saatgut kostenlos verteilt" (BOHLE 1981a: 11). Nach zehn Jahren lag die anfängliche Anbaufläche der Hochertragssorten von gut 1,5 Mill. ha bei 38 Mill. ha (vgl. Abb. 2).

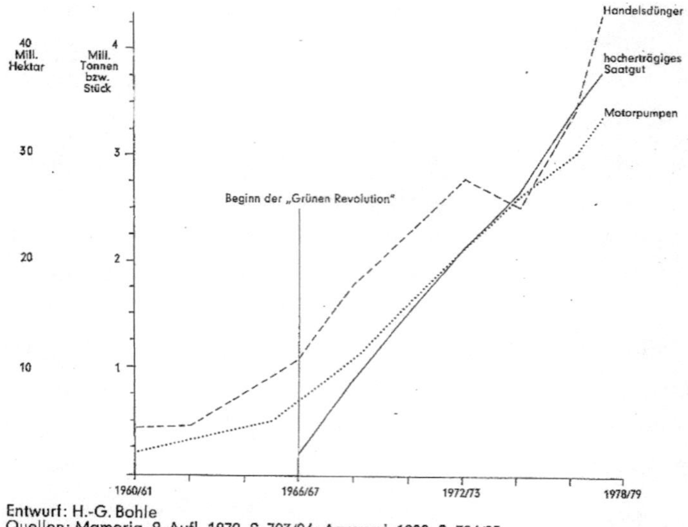

Abb. 2: Einsatz moderner Betriebsmittel in der indischen Landwirtschaft 1960-1977
Quelle: BOHLE 1981a: 11.

Im gleichen Zeitraum wurden in Indien „eine Reihe neuer hochertrӓgiger Getreidesorten gezüchtet, die speziell an die klimatischen und bodenmäßigen Verhältnisse einzelner Agrarregionen angepasst waren" (BOHLE 1981a: 11).

Mit den neuen Reissorten stieg auch der Verbrauch von Dünger stark an. Allein zwischen 1960 und 1977 wuchs der Verbrauch um das Zehnfache (vgl. Abb. 2).

Die Hochertragssorten verlangten außerdem „eine reichliche und möglichst gut kontrollierte und gesicherte künstliche Bewässerung", denn nur in gelöster Form kann der Handelsdünger von den Pflanzenwurzeln aufgenommen werden (BOHLE 1981a: 12). So lässt sich auch der Anstieg der Zahl der Motorpumpen in Abbildung zwei erklären. Die Bewässerung wurde durch das Grundwasser sichergestellt. Hierfür stattete man Brunnen mit Elektro- und Dieselpumpen aus (BOHLE 1981a: 12).

3.1 Probleme der Grünen Revolution in Indien

Die Bedeutung der Bewässerung führte in Indien mehr und mehr zu einer Privatisierung des Grundwassers (BOHLE 1989: 93). Kostspielige Pumpen und Bohrbrunnen konnten sich nur größere Bauern leisten (BOHLE 1989: 94). Die „Privatisierung der Ressource Grundwasser [...] verstärkt[e] regionale Disparitäten" (BOHLE 1989: 95). Die Absenkung des „Grundwasserspiegel[s] in zahlreichen Agrarregionen Indiens" verschärft die Lage weiter (BOHLE 1999: 112). Darüber hinaus sind „die unterirdischen Speicher [...] in etwa der Hälfte des Landes [bereits] leergepumpt" und es besteht die Gefahr einer Versalzung der Böden in Küstennähe (SCHLEICHER 2003: 35).

Die Konflikte um die Ressource Wasser werden sich weiter zuspitzen. Ein Beispiel sind die Auseinandersetzungen um große Staudämme. Oft werden diese aus Steuermitteln finanziert und kommen nur einer Minderheit zu gute, wie z. B. Großbauern. Für einen Teil der Bevölkerung ist eine Vertreibung die unerwünschte Folge solcher Großprojekte (BOHLE 1999: 112).

Die industrielle Landwirtschaft benötigt „fünf Mal mehr Wasser als die traditionelle Landwirtschaft" (PETERSEN 2007). Um Wasserverluste durch Verdunstung einschränken zu können sind Modernisierungen der Bewässerungsanlagen dringend notwendig. „Technische Lösungen, wie die Tröpfchenbewässerung", sind aber kostspielig (Deutsche Welthungerhilfe 2009).

Zu den Ausgaben für Bewässerungsanlagen kommen hohe Lizenzgebühren für die Nutzung der geschützten Reissorten, welche die indischen Bauern zahlen müssen. Es kommt zu einer Abhängigkeit von den Saatgutfirmen (Klett o. J.).

Nicht nur die geschützten Reissorten machen das Land abhängig. Bei den Importen von Handelsdünger, Landmaschinen und Erdöl ist Indien auf das Ausland angewiesen. Die teuren Güter konnten nur mit Hilfe von erhöhten Entwicklungshilfekrediten finanziert werden. Es kam in Folge der Grünen Revolution zu einer größeren Verschuldung Indiens und zu einer erheblichen Abhängigkeit vom Ausland (BOHLE 1981a: 13).

3.2 Lösungsansätze der Probleme

Für einen nachhaltigen Erfolg sind „ökologisch angepasste und ökonomisch überlebensfähige landwirtschaftliche Technologien für die [...] [einzelnen] Regionen zu entwickeln" (LEISINGER 1987: 17). Besonders Kleinbauern und landlose Arbeiter müssen gefördert werden. Zu hilfreichen Maßnahmen gehören z.B. Beratung im Bereich Anbaumethoden, Saatsorten, Düngemittel, Pflanzenschutzmethoden, Lagerhaltung und Vermarktung, aber auch ein „verbesserter Zugang zu [günstigen] Krediten" und die „Stärkung der Bevölkerungsbasis, z.B. durch den Aufbau oder die Förderung genossenschaftlicher Verbände" (LEISINGER 1987: 17).

Um die Genetische Erosion zu verhindern wurden ab den sechziger Jahren Genbanken eingerichtet. 1992 kam es schließlich auf „dem UNO-Erdgipfel in Rio 1992 zur Convention on Biological Diversity (CBD)" (LACHKOVICS 1999: 5). Diese Vereinbarung enthielt das rechtlich bindende Übereinkommen, dass die biologische Vielfalt nachhaltig genutzt und erhalten werden soll (LACHKOVICS 1999: 5).

3.3 Das Beispiel Cauvery-Delta in Südindien

Das Cauvery-Delta gehört zu den traditionellen Reiskammern und liegt mit seinen fruchtbaren Schwemmböden an der südindischen Ostküste. Dort wird seit fast 2000 Jahren der Reisanbau durch ein weitverzweigtes Kanalbewässerungssystem ermöglicht. Unter der britischen Kolonialherrschaft wurden große Summen investiert, um mit neuen Kanälen, Wehren und Wasserregulatoren die Bewässerung zu optimieren (BOHLE 1981a: 23).

3.3.1 Maßnahmen und Wirkung der Grünen Revolution

Die Verbesserung der Landwirtschaft setzt „effiziente Organisationsformen voraus", daher wurden im „Intensive Agricultural District Programm" „die staatlichen Behören für Landwirtschaft, Genossenschaftswesen und ländliche Entwicklung" miteinander vereint

(BOHLE 1981a: 24). Der Programmdirektor und Landwirtschaftsspezialisten organisierten alles nötige für die modernen Anbaumethoden. Hierzu zählten die Bereitstellung der erforderlichen Betriebsmittel und Dienstleistungen, wie „Geräte, Kredite, Märkte [und] Reisforschungsinstitute" (BOHLE 1981a: 24). In den genossenschaftlich Kreditbanken bekamen die Bauern einen Teil des Kredits in Form von Bargeld, in landwirtschaftlichen Depots bekamen sie den Rest in Form von Betriebsmitteln, wie Handelsdünger.

1964 gelang „[i]m Reisforschungsinstitut von Aduthurai [...] nach umfangreichen Kreuzungsversuchen" der Durchbruch mit der Reissorte ADT 27 (BOHLE 1981a: 24). Die Vorteile der neuen Sorten waren so gut, dass 1981 „rund 95% der Reisanbaufläche des Tanjore-Distirkts" mit ihnen bewirtschaftet wurden (BOHLE 1981a: 25). Die Hochertragssorten konnten schon nach vier Monaten geerntet werden, was einen Doppelanbau ermöglichte (BOHLE 1981a: 25).

Die Vorraussetzung für einen Doppelanbau ist die Anpassung der Wasserversorgung. Zum einen wird mehr Wasser benötigt und zum anderen muss die Versorgung jahreszeitlich angepasst werden. Diese Bedingung wird durch eine Verbesserung und Sicherung der Bewässerung erreicht. Die wichtigsten agrartechnischen Neuerungen waren mit Dieselmotoren betriebene Rohrbrunnen (BOHLE 1981b: 118). So konnte Grundwasser aus sechs bis acht Metern Tiefe gefördert werden (BOHLE 1989: 94).

3.3.2 Probleme und Folgen der Grünen Revolution im Cauvery-Delta

Die Verfügbarkeit und Verteilung von Wasser ist eines der zentralen Probleme. Zwischen Tamil Nadu und Karnataka führte die Eskalation eines Wasserkonflikts 1924 im Cauvery-Delta zu einem Wasserabkommen, welches für 50 Jahre gültig blieb. Nach dem Ablauf der Vereinbarung entfachte der Streit erneut und konnte „trotz höchstrichterlicher Urteile und Eingreifen der Zentralregierung nicht beigelegt werden" (BOHLE 1999: 112).

Ein Konfliktbereich liegt im Kampf um das Grundwasser. Bauern, die sich keine Brunnen leisten können, sind auf den Kauf von Wasser angewiesen (BOHLE 1999: 113).

Durch die enorme künstliche Bewässerung können Versumpfungsprobleme auftreten. In Trockenzeiten kommt es hingegen „zu Versalzungserscheinungen, die sich durch den Nitratgehalt der im Grundwasser gelösten chemischen Düngemittel zusätzlich verschärft (BOHLE 1999: 114).

„Die schwerwiegendsten [...] Probleme sind auch im Cauvery-Delta gesellschaftlicher Art" (BOHLE 1981a: 26). Sie betreffen den Großrundbesitz, die Pachtstruktur und die Landlosigkeit könne aber im Umfang dieser Arbeit nicht genauer erläutert werden (BOHLE 1981a: 26).

4. Die Grüne Revolution in Indonesien

Indonesien gehört zu den Beispielen, in denen die Intensivierung des Reisanbaus besonders erfolgreich war. In den sechziger Jahren war das Land „der größte Reisimporteur der Welt" (SCHOLZ 1998: 533). „Über 50% der Bevölkerung lebten in absoluter Armut" (SCHOLZ 2000: 14). Es wurden jährlich rund zwei Mio. Tonnen Reis eingeführt. Durch die Reisintensivierungsprogramme konnte „der Flächenertrag von 1,7 t/ha (1961-1965) auf 4,4 t/ha (1994-1996)" gesteigert werden (vgl. Abb. 3) (SCHOLZ 1998: 533).

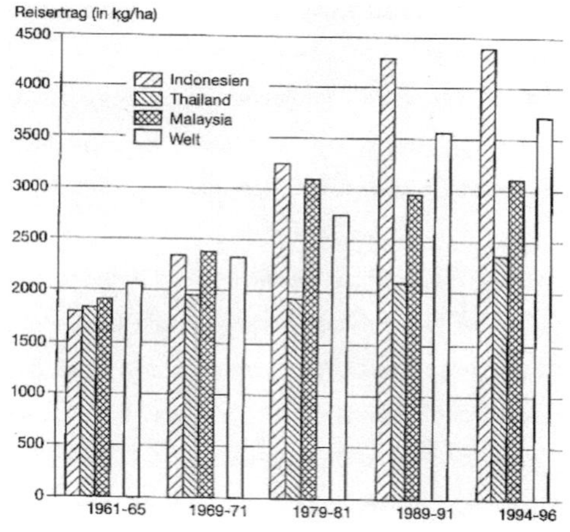

Die Anzahl der Ernten konnte zusätzlich pro Jahr von 1,5 auf durchschnittlich 2,5 erhöht werden (SCHOLZ 2003: 22). „Durch verbesserte Dresch- und Mahltechniken sowie verkürzte Lagerungszeiten verminderten sich die Nacherntverluste um 10-15%" (SCHOLZ 2000: 15).

Abb. 3: Reisertrag (in kg/ha) in ausgewählten Ländern Südostasiens
Quelle: SCHOLZ 1998: 533.

4.1 Die Umsetzung der Grünen Revolution in Indonesien

„Da die Indonesier ihren Kalorienbedarf zu 70% über Reis decken, wurde unter dem Codenamen BIMAS bereits kurz nach 1965 ein breit angelegtes staatliches Programm zur Intensivierung der Reisproduktion eingeführt" (KfW 2000: 7). BIMAS steht für Bimbingan Masal und bedeutet: Anleitung der Massen. In fünf Hautphasen wurde die Situation der Landwirtschaft verbessert.

Der Reisproduktionsplan von 1959 bis 1962 sah Insektizide, Kunstdünger, verbesserte traditionelle Reissorten und die Vergabe günstiger Kredite vor. Ab 1963/64 wurde zusätzlich auf bessere Bewässerung, Bodenbearbeitung und eine stärkere nachbarschaftliche

Zusammenarbeit gesetzt (PAYER 1997). Nach dem Erfolg der Ertragssteigerung von 25 auf 30% wurden Bauern gezwungen, sich am Programm zu beteiligen. Sie bekamen ein Paket mit „25 kg Saatgut, 150 bis 200 kg Dünger, Insektiziden und einem Vorschusskredit auf die Lebenshaltungskosten bis zur Ernte" (PAYER 1997). Durch die Kreditbasis wollte man den Erfolg der Landwirte garantieren. Die Bauern mussten die gesamten Kosten des Paketes bei 1% Zinsen je Monat zurückzahlen. Die Folge war eine Verschuldung, da höhere Erträge ausblieben.

Zwischen 1968 und 1970 wurden neue Reissorten, wie IR 8 eingesetzt. Nach dem Misserfolg des vorherigen Programms, wendete man sich nun an ausländische Firmen. Sie „garantierten die Verteilung aller Input-Mittel, inklusive des Saatguts" (PAYER 1997).

Die Insektenbekämpfung wurde aus dem Flugzeug vorgenommen, was zuvor zusammengelegte landwirtschaftliche Flächen voraus setzte. Die betroffenen Bauern hatten wieder keine Wahl. Auch dieser Versuch, eine Intensivierung der Reisproduktion zu schaffen, scheiterte.

Erst in der fünften Hauptphase von BIMAS konnte ein Erfolg verbucht werden. Neben neuen Reissorten wurden Kreditpakete angeboten. Hierbei bestand kein Zwang für die Landwirte. Neben der Einrichtung von Dorfbanken und Düngerverkaufsstellen kam es zum Ausbau des Straßen- und Wegenetzes (PAYER 1997). Mit den Erlösen aus den reichen Erdöl- und Erdgasvorkommen des Landes konnte die Grüne Revolution finanziert werden. So wurde es möglich, Dünger großzügig zu subventionieren, sodass „er auch für Kleinbauern erschwinglich wurde" (SCHOLZ 1998: 533). Vor 1968 diente der Reisanbau fast ausschließlich der Subsistenzwirtschaft. Erst die Grüne Revolution ermöglichte Überschüsse zu verkaufen. So wurde aus einem Subsistenz- ein Handelsprodukt, mit welchem die Bauern nun Geldverdienen können (SCHOLZ 2000: 15). Die Situation der Landbevölkerung verbesserte sich zunehmend auch durch ein „wachsendes Angebot an nichtlandwirtschaftlichen Beschäftigungsmöglichkeiten" (SCHOLZ 2000: 14). Außerdem brachten Familienplanung und Geburtenkontrolle Erfolge im Bereich der demographischen Entwicklung und es gab Verbesserungen im Bildungswesen (SCHOLZ 2000: 14).

4.2 Folgen der Grünen Revolution in Indonesien

Die Umsetzung der Grünen Revolution hatte in vielen Reisanbaugebieten „soziokulturelle und sozioökonomische Veränderungen zur Folge" (KfW 2000: 7). Dörfliche Strukturen wurden grundlegend verändert. Die traditionelle Hilfsbereitschaft auf unentgeltlicher Basis ist z.B. verdrängt worden. Außerdem wurden Bindungen innerhalb der Dorfgemeinschaft instabiler.

Eine weitere Folge resultierte aus der Überschuldung der Bauer. So verloren etwa zehn Millionen von ihnen ihr Land (KfW 2000: 7). Andere wiederum wurden durch geänderte Vererbungsregeln landlos. Unter der Kolonialregierung wurde aus Realteilung Anerbenrecht, um eine zunehmende Landzerstückelung zu verhindern (SCHOLZ 2000: 16).

Auch die Arbeitslosigkeit wurde zum Problem, denn vor allem die Erwerbsquellen für die Armen, also die landlose Bevölkerung, wurden durch den Einsatz von Maschinen rationalisiert. Ihre Erntehilfe war nicht mehr länger von Nöten (KfW 2000: 7). Das traditionelle Handstampfen mit dem Mörser wurde von motorgetriebenen Mühlen übernommen. So wurde auch der Wunsch der Kunden berücksichtigt, die „eine einheitliche Qualität mit sauberem, poliertem, möglichst weißem Reis verlangten" (SCHOLZ 2000: 16). In weiten Teilen Javas wurden Hacke und Pflug von Handtraktoren abgelöst.

30 Jahre nach dem Einsetzen der Grüne Revolution kann das Fazit gezogen werden, dass „zwar die Reichen immer reicher, dass aber auch die Armen reicher geworden sind" (SCHOLZ 2000: 16). Ein Indiz dafür ist das Sinken der Armutsquote „von über 50% auf etwa 15%" (SCHOLZ 2000: 20).

5. Fazit

Die grüne Revolution brachte sowohl positive, wie negative Folgen mit sich. Am Ende zählt jedoch, dass sie viele vor einem Hungertod bewahrte und somit das Hauptziel erreicht wurde.

Wichtig für die Bevölkerung sind neue Arbeitsplätze. Durch die Kaufkraft werden die Grundbedürfnisse gedeckt und zusätzlich können durch Diversifizierung weitere Verknüpfungseffekte ausgelöst werden.

Die Frage, wem das (Grund-)Wasser gehört, zeigt exemplarisch, dass die Ressourcen dieser Erde auch in Zukunft für große Konflikte sorgen werden.

6. Literaturverzeichnis

AULER, A. (2009): Erfolge und Krisen der Globalisierung. Internet:
http://www.wiwo.de/politik-weltwirtschaft/erfolge-und-krisen-der-globalisierung-382564/
(28.12.09).

BOHLE, H.-G. (1981a): Die Grüne Revolution in Indien – Sieg im Kampf gegen den Hunger?
In: Fragenkreise 23554. Paderborn.

BOHLE, H.-G. (1981b): Bewässerung und Gesellschaft im Cauvery-Delta (Südindien). Eine
geographische Untersuchung über historische Grundlagen und jüngere Ausprägung
struktureller Unterentwicklung. In : Geographische Zeitschrift. Beihefte (57). Wiesbaden.

BOHLE, H.-G. (1989): 20 Jahre „Grüne Revolution" in Indien. Eine Zwischenbilanz mit
Dorfbeispielen aus Südindien. In: Geographische Rundschau 41 (2): 91-96.

BOHLE, H.-G. (1999): Grenzen der Grünen Revolution in Indien. Geographische Rundschau
51 (3): 111-117.

Deutsche Welthungerhilfe e. V. (2009): Steigender Wasserverbrauch in der
Nahrungsmittelproduktion. Internet:
http://images.google.de/imgres?imgurl=http://www.welthungerhilfe.de/fileadmin/media/bilde
r/Themen/Wasser/reisanbau_lohnes_150.jpg&imgrefurl=http://www.welthungerhilfe.de/wass
erverbrauch-steigt.html&usg=__2NzXD2FUwwq6UZZzIG95CV-
UgVg=&h=120&w=150&sz=7&hl=de&start=8&um=1&tbnid=kPvUjMx0SX7AfM:&tbnh=
77&tbnw=96&prev=/images%3Fq%3Dgr%25C3%25BCne%2Brevolution%2Bindien%26hl
%3Dde%26sa%3DN%26um%3D1 (08.02.10).

FRIEBEL, M. (2000): Grüne Revolution in Indien. Internet: http://www.grin.com/e-
book/97840/gruene-revolution-in-indien (02.02.2010).

FWU Institut für Film und Bild (2004): Indien – Landwirtschaft und Entwicklung. Internet:
http://dbbm.fwu.de/fwu-db/presto-image/beihefte/42/029/4202957.pdf (06.02.10).

JAHNKE, H. E. (2003): Landwirtschaft und Strukturwandel in den Entwicklungsländern. In:
Geographie und Schule 25 (145): 15-23.

KfW (2000): Langfristige Wirkungen von FZ- und TZ-Vorhaben zur Förderung der
Landwirtschaft und der ländlichen Entwicklung in West-Sumatra (Indonesien). Eine-Ex-Post-
Wirkungsanalyse. Internet: http://www.kfw-
entwicklungsbank.de/DE_Home/Service_und_Dokumentation/Online_Bibliothek/PDF-
Dokumente_Diskussionsbeitraege/Kfw-Materialien_Nr26.pdf (08.02.10).

Klett (o.J.): Grüne Revolution und Hightech-Boom. Internet: http://www.klett-
akademie.de/sixcms/media.php/8/27640_138_139.pdf (08.02.10).

LACHKOVICS, E. (1999): „Macht Gentechnik satt?". Internet:
http://www.oneworld.at/wide/dokumente/macht_gentechnik_satt_1999.pdf (06.02.10)

LEISINGER, K. M. (1987): Die „Grüne Revolution" im Wandel der Zeit: Technologische Variablen und soziale Konstanten. In: LEISINGER, K. M. u. TRAPPE, P. (Hrsg.): Social Strategies Forschungsberichte, Vol. 2. Nr. 2. Basel: 3-44.

LESER, H. ([13]2005): Wörterbuch Allgemeine Geographie. München u. Braunschweig.

Misereor (2008): Grüne Revolution. Internet: http://www.misereor.de/themen/vielfalt/gruene-revolution.html (06.02.10).

PAYER, M. (1997): HBI: weltweit. Fallstudie: Agrare Intensivierungsprogramme in Mittel-Java und Probleme ihrer Realisierung (bis 1975). Internet: http://www.payer.de/hbiweltweit/weltw413.html (08.02.10).

PETERSEN, B. (2007): Indien. Reise durch den Selbstmordgürtel. Trotz High-Tech-Boom - Indien ist ein Agrarland. „Spätfolgen der Grünen Revolution". Internet: http://www1.bpb.de/themen/ZVOYPO,1,0,Reise_durch_den_Selbstmordg%FCrtel.html (08.02.10).

SCHOLZ, U. (1998):"Grüne Revolution" im Reisbau Südostasiens. Eine Bilanz der letzten 35 Jahre. In: Geographische Rundschau 50 (9): 531-536.

SCHOLZ, U. (2000): Wege aus der Armut im ländlichen Indonesien. Wirtschaftlicher und sozialer Wandel in einem javanischen Reisbauerndorf. In: Geographische Rundschau 52 (4): 13-20.

SCHOLZ, U. (2003): Indonesien – Die Entwicklung des ländlichen Raumes in einem Schwellenland. In: Geographie und Schule 25 (143): 20-25.

SCHLEICHER, Y. (2003): Reisanbau: Von der Grünen zur Goldenen Revolution im Reisanbau.

Pro-Contra-Diskussionen im Geographieunterricht. In : Praxis Geographie 33 (6): 32-35.